A BRIEF HISTORY OF OCEANS FOR CHILDREN

海洋简史

少年简读版 ②

干焱平 ◉ 主 编

青岛出版集团 ｜ 青岛出版社

图书在版编目（CIP）数据

海洋简史：少年简读版.2 / 干焱平主编. —青岛：青岛出版社，2024.4
ISBN 978-7-5736-2097-2

Ⅰ.①海… Ⅱ.①干… Ⅲ.①海洋—文化史—世界—少年读物 Ⅳ.① P7-091

中国国家版本馆 CIP 数据核字 (2024) 第 058048 号

HAIYANG JIANSHI （SHAONIAN JIANDU BAN）

书　　　名	**海洋简史（少年简读版）**
主　　　编	干焱平
副 主 编	刘晓玮
出 版 发 行	青岛出版社（青岛市崂山区海尔路 182 号）
本 社 网 址	http://www.qdpub.com
责 任 编 辑	唐运锋　李康康
助 理 编 辑	胡肖肖
封 面 设 计	刘　帅
排　　　版	青岛艺鑫制版印刷有限公司
印　　　刷	青岛新华印刷有限公司
出 版 日 期	2024 年 4 月第 1 版　2024 年 4 月第 1 次印刷
开　　　本	16 开（889mm×1194mm）
印　　　张	20
字　　　数	400 千
书　　　号	ISBN 978-7-5736-2097-2
定　　　价	136.00 元（全四册）

编校印装质量、盗版监督服务电话　4006532017　0532-68068050

前言
PREFACE

  海洋是人类文明的摇篮。从人类诞生开始，海洋就是不可忽略的存在。和海洋相比，人类的历史长度不过寥寥。可以说，海洋的痕迹深深印刻在人类历史的每个阶段，而人类也以此构建了海洋文明。从食鱼果腹到使用海贝作为钱币和装饰品，从鱼叉到现代化航母……不论是野蛮的原始部落时期，还是发达的帝国城邦时期，人和海洋的缘分一直彼此缠绕，无法分离。

  地球上有太多的生物依靠海洋的馈赠而活。人类在历史中砥砺前行，文明的发展离不开海洋的慷慨。不过，海洋有时也有自己的脾气，惊涛骇浪、潮灾海啸、侵蚀海岸……这些无可避免的灾难，展示着海洋摧枯拉朽的强大力量，提醒着人们要有敬畏之心。当然，人类也以不可思议的速度，将自己的身影根植在海洋的历史之中。航行、潜水、灯塔、海盗、渔场、航母……人类以独特的智慧，依靠海洋创造出了丰富厚重的文明历史。

  以自然风光和文明之光做笔，描绘一幅关于海洋的美丽长卷。这本《海洋简史》，有渔民生活、海洋帝国，也有古船港口、海洋科技……将多姿多彩的海洋文明用简洁而翔实的文字叙述，用精美而多彩的画作描绘，只希望读者能更加了解海洋的文明。在这颗大部分被海洋所覆盖的星球上，海洋与人类、与文明交相辉映，我们将在这里一一呈现，只等你来感受与探索。

目 录
CONTENTS

第一章
船的进化史

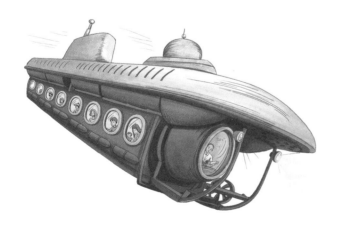

第二章

航海的技术

第三章

从港口出发

 # 船的进化史

船是世界上最常见的水上交通运输工具，从远古的一块圆木到独木舟、木筏，再到后来的帆船、轮船，人类的造船技术不断提升，船舶的性能也不断提高。

植物的妙用

古时候，人们为了穿越江河湖海、捕获水中猎物，往往会就地取材制造一些水上交通工具。这时，随处可见的植物便成了最好的材料。

▲ 独木舟

最初的尝试——独木舟

很久以前，人们发现被山洪冲倒的大树可以浮在水面上，人如果坐在上面，就可以在水上穿行了。人们还发现，圆柱形的树干在水上会滚动，非常不稳定。于是，人们想了一个办法：把树干的中间挖空。这就是早期的独木舟。

把它们捆起来——筏

"筏"是人类早期主要的水上交通工具之一。生活在新石器时期的百越人把树干、竹竿、芦苇等长条形的物体捆绑在一起，制造出了长短不一、大小不同的筏。有了筏，人们渡过江河时就可以运载更多的物品了。

▼ 芦苇船

人们用多根木材捆绑成筏。

人们将圆木中间挖空，做成独木舟。

树干被处理得长短一致。

渡水腰舟

几千年前，黎族人会将单个的大葫芦抱着、夹着或拴在腰部渡水，也会将若干个小葫芦串系在一起，拴在腰部渡河。这种渡水工具叫"腰舟"。作为水上交通工具的"活化石"，渡水腰舟是研究史前交通的珍贵资料。

腰舟是人类战胜洪水的古老浮具。

▲ 腰舟

把树皮剥下来——树皮船

人类的先祖曾把材质合适的树砍倒，将一整块乃至数块树皮完整地剥下来，然后缝合、涂蜡、用文火烤。很快，树皮船便制成了。

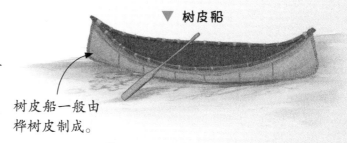

▼ 树皮船

树皮船一般由桦树皮制成。

埃及芦苇船

在埃及，尼罗河沿岸生长着一种芦苇。因为这种芦苇浮力大，又能防水，古埃及人便用它来造船。造出来的芦苇船非常轻盈，使用起来十分轻便。

芦苇船可防水，浮力大、轻便。

3

羊皮筏

　　除了树木和芦苇，还有其他东西能造船吗？千万不要小瞧古人的智慧，在千百年前的黄河流域就出现了一种古老而奇特的水运交通工具——羊皮筏。缝羊皮为囊，充满空气，拴于架上，做成皮筏，这就是羊皮筏。

小百科

　　制作皮筏子的材料可以是羊皮或牛皮，皮囊在下，木排在上，可以载人也可以拉货，结实耐用、重量轻。

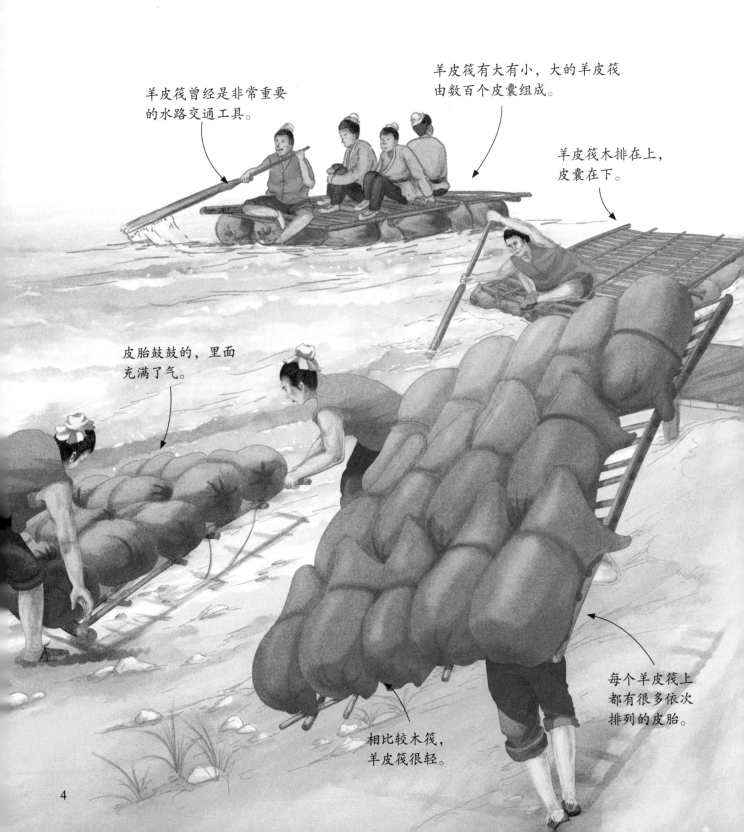

羊皮筏曾经是非常重要的水路交通工具。

羊皮筏有大有小，大的羊皮筏由数百个皮囊组成。

羊皮筏木排在上，皮囊在下。

皮胎鼓鼓的，里面充满了气。

相比较木筏，羊皮筏很轻。

每个羊皮筏上都有很多依次排列的皮胎。

"幸免于难"的母羊

制作古老的羊皮筏，据说必须用公羊皮。或许你会问，都是羊皮，为什么还要分公母呢？因为母羊要喂养小羊，它的皮会漏气，这是制作羊皮筏的大忌。

据说，只有公羊的羊皮才能被用来制作羊皮筏。

从"缝革为囊"到"吹羊皮"

早在唐代以前，人们就用缝合而成且充满气的革囊当作泅渡工具。宋、西夏时期，革囊的制作方法有了改进，人们将牛、羊宰杀后，把头割去，从颈口取出骨、肉和内脏，保持皮张完整，将皮张的头尾和四肢处紧紧绑住，向里吹气。将数十个这样制成的皮胎依次绑在木筏子下面，就制成了羊皮筏。

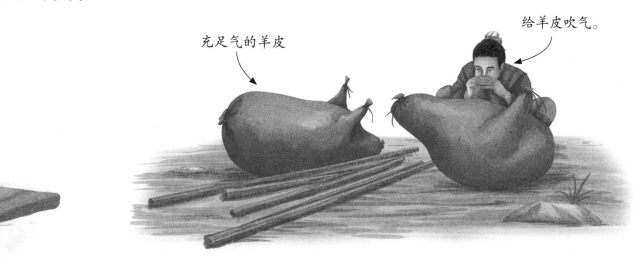

充足气的羊皮

给羊皮吹气。

▼ 筏子客

如今在一些地方，乘坐羊皮筏子成为一种休闲方式。

筏子客

划羊皮筏子运送货物的人被称为"筏子客"。这是一个极端危险的职业，如果没有丰富的经验，稍有不慎，就会有筏翻舟覆之险。新中国成立前，黄河筏运业兴崛，许多筏子客一生都和这条母亲河联系在一起。

扬帆

继舟、筏之后，利用风力前行的船只——帆船出现了。帆船最早起源于欧洲，随着时间的推移，逐渐遍布世界各地。

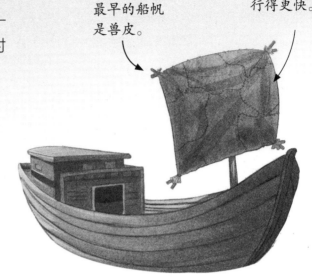

最早的船帆是兽皮。

帆可以捕捉住风，让船行得更快。

帆的出现与使用

你知道最早的帆是什么吗？很早以前，有人拿着一张拉得很紧的兽皮立在船头，以木杆做桅杆，兽皮就是最早的船帆。而布帆最早可能出现在公元前3000多年前的古埃及。

中国四大古船

15世纪左右，中国的帆船发展处于鼎盛时期，造船工艺和技术处于世界领先地位。这期间涌现了四大船系，分别是沙船、广船、福船和鸟船。这四大船系拥有先进的制造工艺，其中一些至今还被应用在船舶建造之中。

小百科

古人在制造沙船时运用了"水密舱壁"的技术，就算一舱损坏，还有第二舱、第三舱在。这项技术直到现在还被应用在高科技舰船上。

▼ 沙船

沙船在沙滩上搁浅时不易损坏或倾覆。

▼ 广船

广船多用热带的硬木制造，坚固耐用。

▼ 福船

福船上平如衡，下尖如刀刃，可以破浪而行。

▼ 鸟船

鸟船船头鸟目上有一条绿眉毛，因此又被称为"绿眉毛"。

乘风破浪的帆船运动

帆船运动起源于欧洲，其历史可以追溯到远古时代。现代帆船运动起源于荷兰。1660年，荷兰阿姆斯特丹市市长将一艘帆船赠给英国国王。1662年，英国国王举办了英国与荷兰之间的帆船比赛。18世纪开始，帆船运动在欧洲广为盛行。1896年，帆船被列为第一届奥运会比赛项目，后因浪大并未举行。1900年，帆船再次被列为奥运会比赛项目并成功举行。

飞剪式帆船起源于一种高速帆船。

▲ 仿制的飞剪式帆船

飞剪式帆船在海上能劈浪前进以减小波浪阻力，因此被称为"飞剪"。

▼ 激烈的帆船比赛

船帆能利用风力推动船身前进。

三角帆可以让船逆风而行。

帆船运动员

划桨

船桨本意是划船的工具，考古专家们认为，桨是随着船的出现而出现的。后来，船型越来越多，桨的形式也发生了变化。桨船是一种历史悠久的船舶。它们的种类多、用途广泛，既可以作为运输船舶，也能参与海上作战。

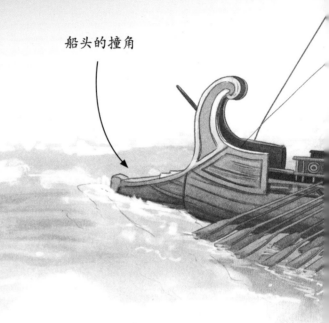

船头的撞角

木板船的推进器

早期的木板船前行是靠人力划桨为主动力的，随着技术的提升，排桨船出现。从两河流域的单层桨船到腓尼基的双层桨船，再到后来发展到希腊、罗马的三层桨船。船桨的进步，使船有了新发展。

大型远洋船

公元前 5 世纪，古希腊造船者成功地建造了三层桨船。这种三层划桨船上的桨手多达一百七十名，让船划速快，冲力更大。三层桨船在很长一段时间内都是古希腊战船中的主力舰。

▼ 希腊的三层桨船

船员依次高低排开，每人划一只桨。

桨手之间熟练配合才能开动桨船。

方形帆

▲ 腓尼基的双层桨船

船的上下两层
都有桨手。

"日行百余里"的桨轮船

魏晋南北朝时期，中国人将手划桨改进成了轮桨。人们在船的舷侧或尾部安装上带桨叶的桨轮，靠人力踩动桨轮轴来带动桨叶拨水，用拨水时船体与水之间产生的相互作用力来推动船体前进，这在船舶发展史上是一项重大发明。

▼ 中国古代桨轮船

人只要踩动桨轮带动
桨叶拨水，就会产生
推动船体前进的力。

蒸汽船来了！

从依靠风力前行的船，到依靠人力驱动的桨船，人类的船舶发展史经历了一段非常漫长的岁月。接下来，蒸汽机的出现创造了船舶发展的又一次变革。

先辈的尝试

据文献记载，早在 1690 年，法国人帕潘率先提出了用蒸汽推动船舶的设想，但当时还没有实用的蒸汽机，该设想无法实现。之后，尽管有人做出了研发蒸汽船的尝试，却因为蒸汽机太重等原因导致研发失败。

▲ 蒸汽船概念图

初具雏形

1769 年，法国发明家乔弗莱把一台蒸汽机装在了一艘船上，航行速度却很慢。1783 年，他又改进了发动机装置，建成一艘蒸汽轮船。这艘被命名为"波罗斯卡菲号"的轮船是世界第一艘蒸汽轮船。

小百科

　　1783 年，"波罗斯卡菲号"首航，但不幸的是，航行了 30 分钟之后，船上的蒸汽锅炉发生爆炸。

"克莱蒙特号"在哈得逊河试航。

惨遭取缔的蒸汽轮船

1801 年，英国人威廉·赛明顿制造出了世界上第一艘蒸汽动力明轮船"夏洛特·邓达斯号"。它首次下水就试航成功，这对拖船业主来说是个严重的威胁，在他们的极力反对下，第一艘蒸汽动力明轮船被扼杀在了摇篮里。

小百科

早期的拖船用蒸汽机驱动舷侧明轮推进。"夏特洛·邓达斯号"是第一艘蒸汽机拖船，船长 17 米，主机功率为 7.35 千瓦。

揭开轮船时代的帷幕

1807 年，美国工程师罗伯特·富尔顿运用功率大约为 15 千瓦的瓦特蒸汽机制造出了长约 46 米，宽约 4 米的汽轮船"克莱蒙特号"。8 月 17 日，40 名乘客乘坐"克莱蒙特号"进行了 30 多个小时的航行。轮船时代的帷幕就此拉开。

富尔顿被称为"轮船之父"。

▲ 罗伯特·富尔顿

船上安装了当时最先进的蒸汽机。

船帆

明轮推进器

◀ "克莱蒙特号"

没有"轮子"的轮船

其实，在蒸汽船出现之前，轮船就出现了。最早的轮船是靠人力踩踏木轮产生动力来行进的，而现代轮船则是用机械化装置驱动螺旋桨来航行。

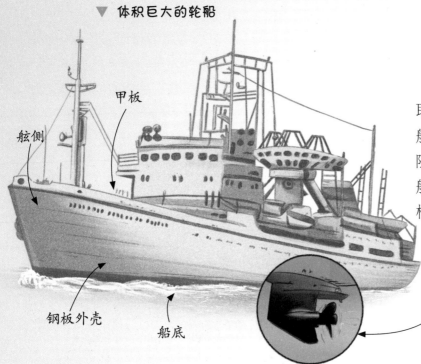

▼ 体积巨大的轮船

桅杆

甲板

舷侧

钢板外壳

船底

没有"轮子"的轮船

现代轮船并没有轮子，为什么还要取这样一个名字呢？其实，从前的轮船是需要靠人力踩动桨轮提供动力的。随着造船技术越来越先进，后来很多轮船就没有"轮子"了，这些轮船可以靠核动力装置等驱动螺旋桨前进。

螺旋桨推动船在水中航行。

"泰坦尼克号"上有四个巨大的烟囱，其中只有3个冒着黑烟。

逝去的"泰坦尼克号"

据说，远洋客轮"泰坦尼克号"的失事与它的材料有很大关系。本来"泰坦尼克号"的全船都应该用钢铁铆钉加固，但是机器无法为船头部分安装铆钉，只能改用手工安装。为了便于手工安装，船头使用了不如钢铁铆钉结实的锻铁铆钉。在"泰坦尼克号"与冰山相撞后，恰恰是船头的锻铁铆钉断裂导致船壳解体。

"泰坦尼克号"长约270米，有11层楼高，排水量约5.3万吨。

不能有一分一毫的差错

想要制造一艘坚固的轮船，材料是绝不能将就的，哪怕一个小零件稍有差池都可能会让整艘轮船彻底倾覆。

▼ 轮船制造厂

每一道制船工序都需要严格把关。

工人正在建造轮船。

钢筋铁骨

现代轮船拥有钢筋铁骨般的"身躯"，这么重的大家伙为什么不会沉到水里去？因为船只在被设计时要符合浮力定律——浮力的大小等于被排开的液体的重力。尽管轮船非常重，但它的排水量可以达到上万吨，保证了轮船可以浮在水上。

重力向下，浮力向上。

船头因为铆钉不结实成了损毁严重区。

▼ "泰坦尼克号"

"泰坦尼克号"号称"永不沉没的巨轮"。

甲板

1500多人因"泰坦尼克号"失事而丧生。

不一样的艇

艇，原意为轻快小船，现一般指小型的船。但也有例外，比如潜艇。不管吨位有多少，我们习惯上都称潜艇为"艇"。还有一些航行器也可以叫艇。

雷达天线

快艇被称为"海上轻骑兵"。

▲ 水上快艇

2024年1月1日，我国首艘国产大型邮轮"爱达·魔都号"从上海吴淞口国际邮轮港顺利开启首航。

▶ 豪华游艇

游艇

如今，船舶已经不再是一种简单的交通工具了。比如游艇，就是专供水上游览观光、休闲度假、家庭娱乐用的小型艇只。

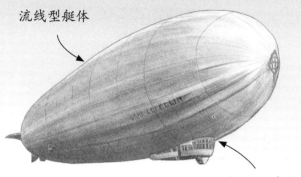

流线型艇体

▲ 飞艇

飞艇内充有氢气或氦气。

飞在天上的艇

有一种艇非常厉害，它的地盘不在水上，而在天上，是一种轻于空气的航空器，这就是飞艇。无论是在交通运输、娱乐拍摄还是科学实验中，都能见到它的身影。

皮划艇可以分为皮艇和划艇。

▲ 现代皮划艇

前进吧，皮划艇

皮划艇是一种两头尖小没有桨架的船艇。1865 年，苏格兰人麦克格雷戈以独木舟为蓝图，设计了"诺布·诺依号"皮划艇。19 世纪末，德国工程师为了提高船速，将皮划艇制造成了鱼形。后来，造船者纷纷将皮划艇的船体加长，使皮划艇的速度更快了。

小百科

游艇按功能主要分为休闲型游艇、商务游艇和超级游艇。作为家庭度假所用的一般是休闲型游艇。用于商务会议、公司聚会、小型集会等的一般是商务游艇。

爱达·魔都号
ADORA MAGIC CITY

客船

客船是运送旅客以及行李和邮件的运输船舶。

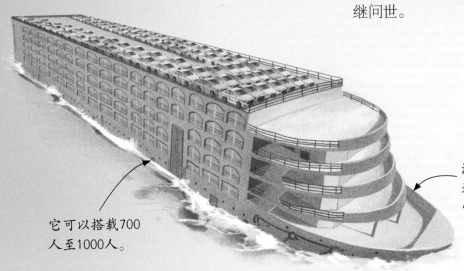

它可以搭载700人至1000人。

客船的进阶之路

随着远洋运输业的发展，最初客货混装的客货船无法满足越来越大的客流量需求。于是，汽车客船、小型高速客船、滚装客货船以及高速大型汽车客船等相继问世。

◀ 汽车客船

汽车客船除了运载旅客外，还能运载旅客的自备轿车。它在港时间短，效率高。

"邮轮"变"游轮"

早期的远洋客轮在载客的同时也运输邮件与货物，因此也被称为"邮轮"。20世纪60年代开始，飞机运输业迅速发展，邮轮受到巨大冲击，于是许多远洋客轮增加了豪华的生活娱乐设施以及优质的服务，华丽变身为"游轮"。

游轮通常为乘客提供旅游观光、餐饮娱乐等服务。

游轮会在观光地停泊，让游客参观游玩。

豪华游轮

现代的客船除了拥有上百间不同型号的客房外，通常还有酒吧、健身房、图书馆、游泳池，有的甚至还配备高尔夫练习场和海上攀岩墙，各种设施应有尽有，可以说比陆地上的很多酒店还要豪华。

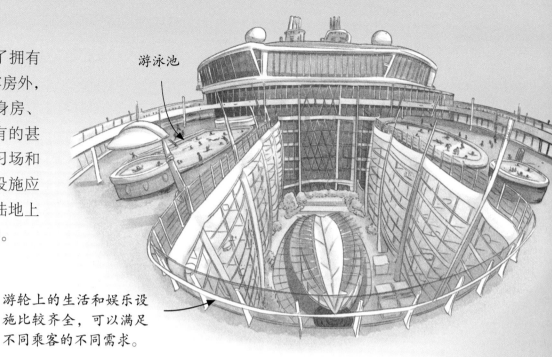

游泳池

游轮上的生活和娱乐设施比较齐全，可以满足不同乘客的不同需求。

▼ 海上"城市"

大型豪华游轮多用于跨越大洋的洲际旅行或环球旅行，就像一座座航行在海上的豪华都市。

大型游轮可重达几十万吨。

椰子树

货船

货船是载运货物为主的运输船的统称，很多货品都可以在它的"帮助"下远渡重洋。

▲ 古代木制货船

货船的二三事

很久以前，人类就将舟和筏作为水路运输的工具。后来经过长时间的发展，木制帆船出现了，大型的帆船可以运载着货物远渡重洋。19世纪，蒸汽机、汽轮机以及柴油机相继问世，它们的出现，促使着货船进入一个新的时代。

小百科

2012年，由韩国大宇造船和船舶工程公司制造的"马可·波罗"号集装箱货轮完成了首航。它全长达396米，可运货190000吨，是现今世界上最大的集装箱货轮。

货船一般不载旅客，若附载旅客，不可超过12人。

载运木材的货船

球形储罐

船锚

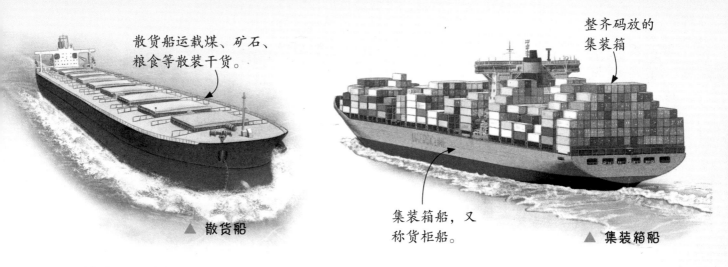

散货船运载煤、矿石、粮食等散装干货。

整齐码放的集装箱

▲ 散货船

集装箱船，又称货柜船。

▲ 集装箱船

货船兄弟团

货船有着庞大的"兄弟团"：干货船、液货船、冷藏船、滚装船、集装箱船……干货船可分为杂货船、散货船，可用于运载干燥杂货；液货船可用于运载油类、液体化学品、液化气体等散装液态货物；冷藏船可用于运载需要保鲜的货物，比如鱼、肉、蔬菜、水果等易腐食品；集装箱船吨位大、航速高，可用于运输集装箱，容易装卸，是现代海上十分重要的运输工具。

▼ 液化天然气运输船

军舰

船舶中也有"军人"，它们在海上执行着战斗任务，保卫着领海的安全，这就是军舰。几千年前，人们就会乘船作战了。

近代舰艇

随着社会的发展，木质战船逐渐演变为钢铁战舰，动力装置逐渐采用蒸汽轮机、柴油机，各种爆炸弹、旋转炮塔等新型兵器纷纷安装在舰船上。

古代战船

水上战争使战船在世界各地纷纷涌现。最早的战船是装备各种冷兵器的桨船，后来随着造船技术的进步，加装了火炮的风帆战船问世了。

▲ 早期桨式战船

大型的主力战船一般有两层及以上的甲板。

木质战船很容易着火。

军舰的"级"和"号"

同类军舰依据设计和建造的一系列参数划分为不同的级别,这就是军舰的"级",如"地平线"级驱逐舰。另外,每一艘军舰又有自己单独的命名,这个名字就是军舰的"号",如"依阿华号"战列舰。

◀ "依阿华号"战列舰

全副武装的军舰

为了应对随时会爆发的战争,军舰全副武装,不仅安装了各种类型的舰炮,而且配备了多种用途的导弹、鱼雷和水雷等武器。有的军舰上还载有作战飞机和直升机。

舰炮

▲ 军舰

中型战船用于攻战和追击。

早期,人们在海上远距离交战,只能用弓箭一类的冷兵器。

小型战船用于哨探巡逻,也称"艇"。

军舰的种类

军舰又称舰艇，分为战斗舰艇和辅助战斗舰艇两大类。其中战斗舰艇按航行状态不同，可分为水面战斗舰艇和水下战斗舰艇。水面战斗舰艇包括航空母舰、战列舰、巡洋舰、护卫舰、护卫艇、猎潜艇、布雷舰、驱逐舰和登陆舰艇等；水下战斗舰艇指的是潜艇。

小百科

通常将排水量大于 500 吨的军用船只称为"舰"，排水量小于 500 吨的称为"艇"，但"艇"字在民用船舶中也有使用。舰与艇常常一起出现，是军用船只的总称。

▼ 航空母舰

航空母舰的上层建筑集中在一侧，如同一座小岛，故称为"舰岛"。

雷达天线

导航室

飞行甲板可以提供舰载机的起飞和降落。

舰载机

海上巨无霸

航空母舰拥有霸气的体型，是军舰中最大的存在。除了装备有各式的战斗机外，舰上还有炸弹、鱼雷、导弹、火箭等各种先进武器。

▼ "果敢"级驱逐舰

▼ 巡洋舰

海上护卫队

护卫舰是一种古老的舰艇类型。从 16 世纪的三桅武装帆船到后来的中小型舰船，都属于护卫舰。护卫舰平时主要负责在海上执行警戒、巡逻和护航等任务。

海上多面手

如果说护卫舰是动作矫捷的"贴身保镖"，那么驱逐舰就是"武功高强"的"近身侍卫"。它们不但能够护航，还能完成突击进攻、反潜护卫以及海上救援等任务，是名副其实的"海上多面手"。

▼ 护卫舰

护卫舰上装载着导弹、舰炮、深水炸弹等武器。

护卫舰运用特殊的材料和设计，可以逃脱敌方的雷达、红外线等探测。

牵引车

出击吧，巡洋舰

在航空母舰问世前，巡洋舰就率领着舰艇编队进行远洋巡逻和作战。勇猛迅速的巡洋舰装备着强悍的武器，既能在海战中破坏敌人的交通线，又能保卫己方舰队的正常航行。

水下的暗影杀手

潜艇是一种能够在水下活动、作战的潜水船。它装备着鱼雷、导弹、水雷等武器。在海战中，潜艇往往出其不意，像狼群一样对敌方轮番发动攻击，把敌人打得狼狈不堪。但是，它们的自卫能力有些差。

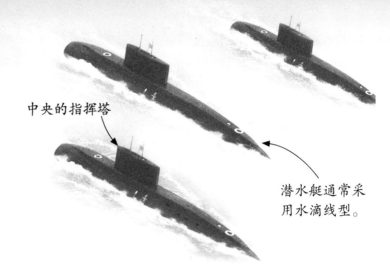

中央的指挥塔

潜水艇通常采用水滴线型。

▲ 采取狼群战术的潜水艇

小百科

早在几百年前，达·芬奇就构思过一种"能在水下航行的船"，但没能实现。

▼ 法国"闪电"级船坞登陆舰

直升机着舰点

大口径火炮

▼ 德国"俾斯麦号"战列舰

厚重的装甲防护

登陆，跟我来

不仅动物中有水陆两栖成员，舰艇"家族"中也有这样的家伙，它们便是登陆舰艇，是用于运载登陆部队、武器装备、直升机等进行登陆作战的舰艇。

海战投炮手

战列舰名称起源于帆船时代的"战列线战斗舰"。多次海战结果告诉人们：吨位大、防护性好、火炮攻击能力强的战列舰能够取得好的作战效果。第二次世界大战前，战列舰一直是各主要海权国家的主力舰种之一。

海上导弹攻击王

导弹艇是一种高速水面战斗舰艇，反舰导弹是它的主要武器。因为小巧灵活、火力威猛，所以导弹艇成为海军作战中重要的战斗舰艇。

最早的导弹艇是苏联将鱼雷艇改造而成的，所以导弹艇的艇型与鱼雷艇相近。

威力十足的导弹

▲ 中国022型导弹艇

飞行甲板

勤务舰船

起重船俗称"浮吊"。

有这样一类舰船，它们是海上舰艇最坚实的后盾，随时为各类舰船提供战斗保障、技术保障和后勤保障等，这就是勤务舰船。

海中大力士

陆地上有起重机，海面上也有起重船。在海上工程、海洋沉船物品打捞、大件货物装卸等多项工作中，我们经常能够看见起重船的身影。

起重臂

吊钩

▼ 起重船

旋转平台

甲板

起重船一般为非自航，需要拖轮拖带才能到达目的地。

大海上的白衣天使

▼ 医院船

如果海上战争中出现的伤员无法转移到战地医院，那么医院船就是最好、最及时的救治场所。医院船的船身上标有红十字或红新月，并悬挂红十字旗标志。国际法和《日内瓦公约》规定，医院船在任何情况下不受攻击和捕拿。

船上有多种医疗设备。

醒目的红"十"字

舰船的能量库

舰艇在茫茫大海上执行任务，为了扩大和延长行驶半径与行驶时间，常常需要补给舰大显身手。无论是燃油还是食品、弹药，补给舰都能迅速送达。

船上可搭载直升机，进行垂直补给。

全船舱室有近800个。

885

它的最大搭载量可以达到23000吨。

▲ 中国"青海湖号"补给舰

舰船的手术医生

舰船损坏了怎么办？不要紧，我们有修理船。修理船就是专为舰艇、舰载机及其武器装备进行修理的舰船。

修理船拥有充电、充气、提供油水补给等功能。

潜艇专用修理船

东修911

▶ 中国"东修911号"修理船

27

运动用船

除了军用船和民用船，还有用于水上运动的船。运动员们可以驾驭这些船在海上与浪共舞，挑战自我。

乘风破浪的帆船

帆船运动是一项以技巧为主、体能为辅的水上运动。它集娱乐、竞技、探险于一体，具有较高的观赏性。经过发展，帆船运动已经成为世界沿海国家和地区重要的体育活动之一，备受广大体育爱好者的青睐。

▼ 现代帆船

人可以操控改变帆船的前进方向。

帆船利用风力张帆前进。

帆板

与帆船不同，帆板由板体、桅杆、帆和帆杆组成。运动员会站在板上，利用风力，通过帆杆操纵帆，使帆板在水面行驶。

▼ 帆板

帆

帆杆

人靠改变帆的受风中心和板体重心位置来改变方向。

运动员站在板上。

开在水上的摩托

摩托艇也是船？没错！它是一种轻快的小船。摩托艇具有体积小、重量轻、速度快等特点。除了是一种运动用船外，摩托艇在国防、治安和生产建设等方面也有一定的应用。

需要吹气的船

气垫船，顾名思义就是由船底的气垫使船体全部或部分垫升而实现航行的船。当需要航行的时候，船员们会用大功率的鼓风机将空气压入船底部，让船浮在水面上。气垫船在旅游、客运、商业、救援、军事等领域都发挥着重要作用。

空气垫 　▲ 气垫船

摩托艇驾驶员需要具备机械操纵以及驾驶技术。

驾驶摩托艇，要穿上救生衣。

摩托艇运动不仅能丰富人们的生活体验，还可以增强人们的体质以及勇于自我挑战的意志。

◀ 摩托艇

专船专用

从最简单的独木舟发展至今，船的种类越来越多。除了前文提到的之外，还有一些船专门用来或航行捕鱼、或科研探测、或抢险救灾、或破冰开路……

科学考察船

为了更深入地探索海洋，了解和解释各种海洋现象，人们制造了各种性能的科学考察船，利用它们远赴各个海域调查研究海洋水文、地质、气象、生物等情况。

▼ 中国"东方红2号"科学考察船

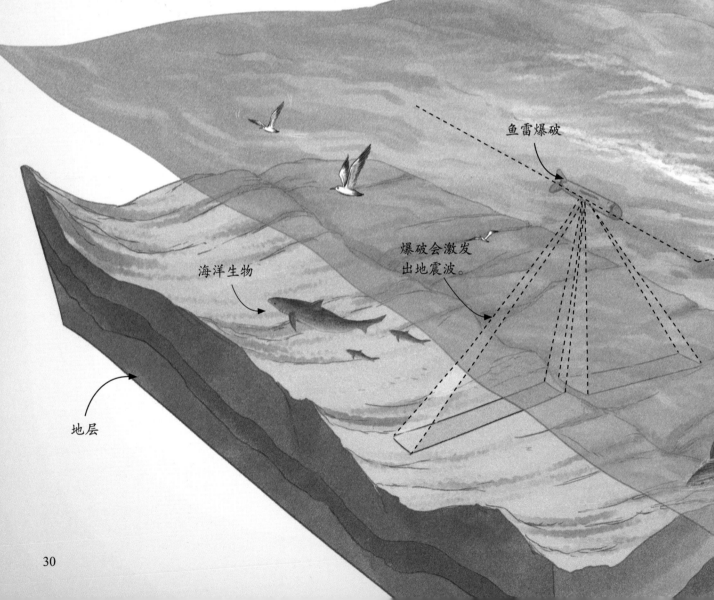

鱼雷爆破

爆破会激发出地震波。

海洋生物

地层

渔船

很久以前，一条简陋的小木船和一张粗麻绳编织的渔网，几乎就是人们捕鱼的全部装备。而现代化渔船则配备了垂直探鱼仪、水平声呐、无线电浮标、海鸟雷达、围网沉降仪等多种助渔仪器，大大提高了捕鱼效率。

▼ 渔船

石油勘探船

海洋中有大量的石油资源，而勘探、开采海底石油的任务通常由石油勘探船完成。进行勘探作业时，先利用物探船进行地震等测试，找出有利区块，再由石油勘探船负责建设海上平台，进行钻井工作。随后，工作人员会利用先进仪器测试反射回来的地震波，进而判断海底地层构造和资源的分布情况。

船上装有地震仪和有关勘探设备。

直升机停机坪

工作人员会将采集到的地震波进行分析处理。

▲ 石油勘探船

冰层上开辟道路

当温度下降，水面结冰时，为了保障舰船进出冰封港口、引导舰船在冰区正常工作，破冰船就要发挥作用了。遇到较薄的冰层，破冰船采用连续性破冰方法破冰即可；如果冰层较厚，破冰船先以较快速度上驶至冰层上，当冰层破碎后，船体再次平浮于水面，随后破冰船后退一段距离并加速向前行驶，再次驶至冰层上。破冰船就如此循环往复，完成破冰。

▼ 中国"雪龙号"极地考察船

"雪龙号"极地考察船属于破冰船。

观察窗

用于打捞沉没船只和物体的船

▲ 打捞船

海上遇险我帮忙

军舰、潜艇、轮船、飞机等都可能会有沉入海底的危险，将它们打捞上来便是打捞船的任务。打捞船的甲板很宽，货舱容量也很大。

着火了，交给我

消防船和陆地上的消防车类似，是用于灭火的船。消防船同样有着鲜艳的颜色，可以起到警示作用，使过往船舶自动"让路"。消防船不但能用于海上火灾救援，有时也能对沿海城市岸边建筑物的火灾进行扑灭救助。

▼ 执行任务的消防船

着火的船只

醒目的红色船体

高压水柱

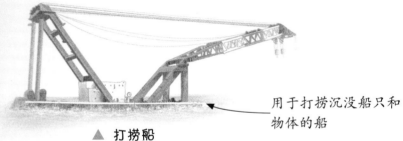

航天测量船

在航天工程中，监控飞行中的航天器和运载火箭是必不可少的，航天监测船是其中的"业务能手"。它主要是通过跟踪、测量、控制和数据传输，来观测人造卫星或洲际导弹的飞行。

▼ 观光潜艇

观光潜艇

观光潜艇可以让人们无须掌握潜水技术便能观赏海洋。目前的观光潜艇由旅游公司负责设计和建造。2023 年 6 月，美国的一艘观光潜艇发生了灾难性内爆。观光潜艇的安全性和专业性还有待提高。

驾驶舱

探照灯

虎鲸

小丑鱼

海底不仅有五彩斑斓的植物，还有各种有趣的动物。

第二章

航海的技术

　　并不是会划桨、不晕船就可以航海，航海的技术比你想象得更复杂、更专业。人类从学会乘船出海开始，就一直在探索、完善航海技术，在技术的加持下，航行的效率更高、成本更低、旅途更安全。

海鸟是水手
的好帮手。

水手通过判断季
风风向来调整船
的位置和方向。

船顺着洋流
方向走，省
时又省力。

水手的经验

航海技术还不发达的时候，航海时主要依靠阅历丰富的水手。一旦航海中遇到突发状况，经验老到的水手会知道如何处理。

小百科

弗洛基是9世纪北欧的一位航海家，他有一个寻找陆地的方法：他带着一笼乌鸦出航，当船上的人们觉得应该快靠岸的时候，就把鸟放出去，如果鸟朝着某个特定方向直接飞过去，就说明船快到陆地了；如果鸟在船的周围漫无目的地飞，说明船离陆地还远。

即将靠岸的船只

掌握了潮汐规律，才能更好地指导船只在海上航行。

经验一：看季风

不同风带盛行不同的季风。水手在随船出海的过程中，要充分掌握风向，选择顺风而行，才会节省力气。所以，乘船出海，水手要学的第一项技能通常是判断风向。

经验二：断洋流

洋流是海水沿着一定方向的大规模流动。通过判断洋流，水手会及时调整航线。顺着洋流走，船航行起来就会很顺畅；逆着洋流走，水手就得多花点儿力气才能使船稳定前行。

经验三：猜海岸

海岸，就是邻接海洋边缘的陆地。海岸地貌形态复杂，有滩肩、侵蚀陡坎、海蚀洞、海蚀崖、海岸沙丘等。这就需要水手根据丰富的经验判断各种海岸地形，避免船舶靠近海岸时发生危险。

经验四：判"海潮"

海洋潮汐俗称"海潮"，是由于太阳和月亮引潮力作用或因大洋潮波传入，使得海面发生周期性涨落的现象。白昼的高潮，称为"潮"，夜间的高潮称为"汐"。水手要了解海潮时间和潮差，如果在船靠岸后退潮了，就会使船搁浅。

海潮可以改变和调节船舶所在位置的水深与流向。

测星定位（一）

古时候在大海上航行，人们根本无法利用陆地上的标识。在没有罗盘和指南针的时代里，要辨别方位，人类可以利用的只有日月星辰。

天体的启发

有学者认为，早在新石器时期，人们就已经有了东、南、西、北四个方位的观念。人们最开始根据太阳的起落判断东、西，后来又通过北斗星来判知方向。早期的航海者就是利用这些天文知识来指引航行的。

人们通过太阳的起落判断方向。

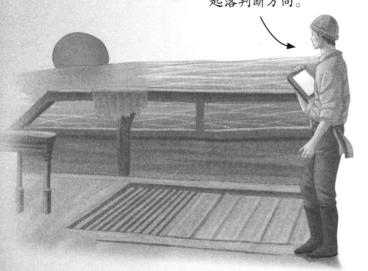

传说中的"过洋牵星术"

繁星点点，不仅代表着浪漫与神话，还是船员们最重要的"伙伴"。在古代中国，船员们发现一些恒星是重要的"方位星"，可以用它们来帮助船队判定所在的方位，如同是天上的星星在"牵"着船队航行一样，这就是"过洋牵星术"。

▼ 索星卡

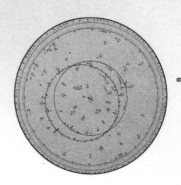

星空投影——索星卡

在没有天文仪器的时候，用索星卡测星定位是航海家们最常用的方法之一。索星卡由 2 块印有天赤道和黄道的星图底板，以及 13 张用于不同纬度的透明地平坐标图网片组成。选取相应的卡片对准星空，就能判断出船舶的位置了。

▶ 牵星板

过洋牵星术中一个重要的工具就是牵星板，通过牵星板测量星体距离水平线的高度，就可以判断船舶在海上的地理位置。

漫天繁星

船员通过观察星体来判断自身位置。

舵手

测星定位（二）

为了在航行中获得最准确的定位，人们发明了很多航海中可使用的天文仪器。这些仪器为后来更精确、更现代的仪器奠定了基础。

◀ 星盘

占星航海两不误

星盘是古代天文学家、占星师和航海家等用来测量天体地平高度的仪器。在航行中，只要把它举起垂直于水平面，调整窥管位置对准太阳或恒星，辨认窥管的偏转程度，就能得到星体的高度，从而确定船舶所在的纬度，找到准确的航海路线。

小百科

古希腊人发明了星盘，18世纪以后星盘被六分仪代替。

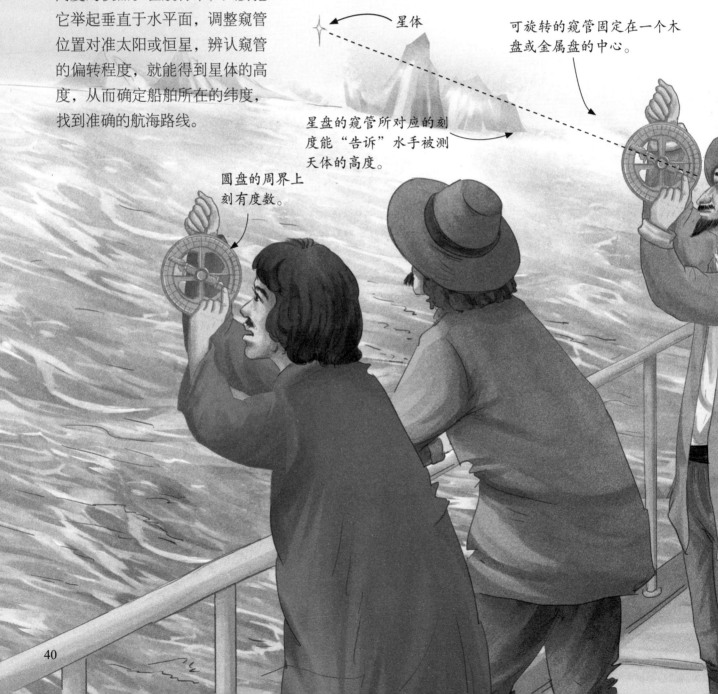

星体

可旋转的窥管固定在一个木盘或金属盘的中心。

星盘的窥管所对应的刻度能"告诉"水手被测天体的高度。

圆盘的周界上刻有度数。

定位"神器"——六分仪

18 世纪，牛顿首先提出了六分仪的原理，后人在这一原理的基础上设计出了六分仪。人们通过使用六分仪测量远方两个目标之间的夹角，可以迅速得知海船所在的经纬度。六分仪使用方便，得出的结果也十分精确，因此成了早期航海家们的定位"神器"。

它便于携带，且不会因船的晃动影响准确性。

它受天气影响较大，不能在阴雨天使用。

▲ 六分仪

六分仪可以帮助人们了解自己所处地点的经纬度。

指针转动

晴天时的夜晚，航行的人们可以通过星星判断方位，但当阴雨天的晚上看不见星星时，就需要一些特殊的工具帮忙了。

三桅帆船可以装载大量生活必需品。

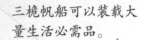

▶ 三桅帆船

会辨方向的勺子——司南

早在两千多年前，中国的能工巧匠将天然磁石打磨成勺状，再放置在一块铜制的刻着字的平滑地盘上，便能用来指示方向。然而，在陆地上屡试不爽的司南，在海上却无法保持地盘平衡，因此无法发挥出作用。

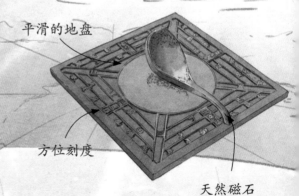

平滑的地盘

方位刻度

天然磁石

▲ 司南和地盘

判断航向的"小圆盘"

以地盘作为方位盘在航海中并不方便，人们又发明了磁性更为持久、使用更为方便的指南针。最初，指南针还只是阴雨天时观测方向的辅助仪器，但很快它就凭借小巧、精准等优越性一跃成为航海"新宠"。

带有磁性的指针

▲ 指南针

与时俱进的航海罗盘

随着人们在指南针的基础上不断改进，航海罗盘被发明出来。明代航海家郑和下西洋，就是用航海罗盘指引方向的。

▼ 航海罗盘

不论天气阴晴，航海罗盘都可辨认航向。

方位文字

海图

海图是地图的一种，是以海洋为主要对象所绘制的地图。在航海中有了海图的帮助，船只可以避开很多危险。

小百科

海图中有海岸、海底地貌、航行障碍物、水文要素等信息。

附图的航海日志

早期的海图就像配了图的航海日志，记载的是航海途中的航行情况与需要注意的安全事项等。羊皮和牛皮都是早期用来绘制海图的材料。

电子海图会在显示屏上显现出来。

电子海图包括岛屿、风向、方位等信息。

《郑和航海图》

《郑和航海图》是世界上现存成图时间最早的航海图集，主要绘制了郑和下西洋的航路，其中包含二十叶航海地图（相当于现代书籍40页），109条针路航线等，展现出明朝时期我国航海技术的发展水平。图中标明了航线所经亚非各国的方位，甚至连礁石、浅滩都有注明。

▲ 《武备志·郑和航海图》（局部）

电子海图

信息技术促进了现代海图的发展。随着信息技术和航海技术的不断提高，人们研究出了电子海图。我们熟知的航道、海洋水文、港口、海峡、岛屿、风向、方位等信息，都能在电子海图上呈现出来。

船员根据海图信息变换航道。

测量经纬度

地球仪上画着许多纵横交错的线，表面连接南、北两极并且垂直于赤道的弧线是经线，与地轴垂直并环绕地球仪表面一周的圆圈是纬线。经线和纬线交叉，就是一个坐标点。如果你想知道自己在海上的位置，只需要知道自己的经纬度就能定位。

立竿见影

确定经纬度这事说起来容易做起来难，因为经线和纬线都是虚拟的。"立竿见影"是一种适用于陆地和航海的纬度测量方法。船员可以将一天中垂直于甲板的桅杆影子最短时的数值记录下来，再知道杆子的长度，就可以算出纬度了。想要计算出经度，还要结合太阳直射点、太阳高度角的数据才行。

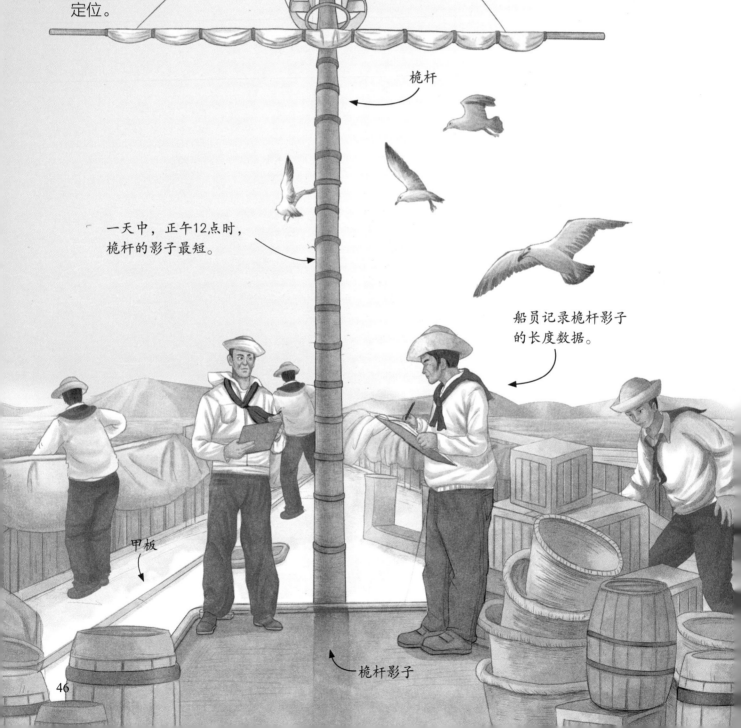

桅杆

一天中，正午12点时，桅杆的影子最短。

船员记录桅杆影子的长度数据。

甲板

桅杆影子

航海钟的发明

"立竿见影"的方法实际操作起来有些麻烦，因此科学家们一直在寻找更简单的方法。1714 年，英国政府通过了《经度法案》奖励能使经度误差不超过 0.5 度的发明者。这项大奖最终被约翰·哈里森获得，他的发明就是可以确定经度的航海钟。

▶ 约翰·哈里森

约翰·哈里森是一个木匠出身的钟表匠。

航海钟多厉害？

普通钟表会因为船舶颠簸、转弯时的离心力以及天气恶劣等原因产生误差，而航海钟很好地解决了这个问题。不管遇到什么情况，它的秒针每次走动的时间都是相等的。哈里森用了几十年的时间，让自己研制的航海钟一代比一代精确。

▲ 约翰·哈里森发明的H4

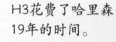

H3花费了哈里森19年的时间。

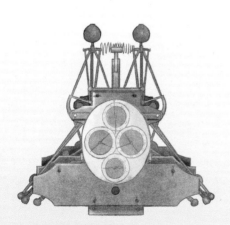

▲ 约翰·哈里森发明的H1

▲ 约翰·哈里森发明的H2

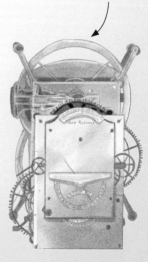

▲ 约翰·哈里森发明的H3

大海上的水手们用木棍判断、计算船速。

巧计推算

如果知道了出发点的经纬度，航行了许久后，又如何知道自己现在到底在哪儿呢？古代有一位聪明的航海家想到一个办法，他将一根木头扔进水里，用钟表计时，测算从船头到船尾经过木头用了多少时间，再用船的长度除以这段时间就能算出船速。既然船速和航向都已知，那么从地图出发点沿着航向、船速计算，就能知道船所在的位置了。

船员通过象限仪确定北极星与水平面的夹角后，能测算出船舶所处纬度。

48

象限仪

象限仪是用来测量天体高度的，也可以测量纬度。用象限仪测量纬度时，先将象限仪平放，然后将它的一端对准待测星，读出待测星与水平面的夹角，就能计算出所在的纬度。

全球定位

现在船员在航行过程中不必担心自己迷路了，因为船上配备了全球卫星导航系统。有了它，船只不但不会迷路，即使遇到危险需要求救，外界也能很快知晓相应的信息。

▼ 全球定位卫星

圆弧划分90度。

活动的垂线

全球定位系统具有全天候、实时性的特点，中国拥有属于自己的全球导航卫星系统——北斗导航卫星系统。

▼ 监控中心

▲ 象限仪

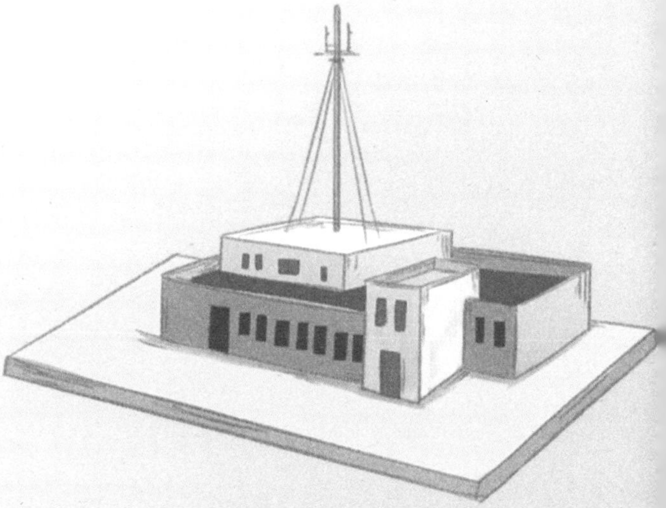

▼ 搭载智能系统的船舶

定位系统可以为船舶导航。

现代航海业

航海技术的进步对于船舶的发展起到了巨大的推动作用，使船舶的种类、结构、用途、性能等发生了翻天覆地的变化。未来，越来越先进的技术还将给船舶与航海带来一场又一场的变革。

船种类变多了

以前，海船无外乎客船、货船和油船几种类型。后来，船的种类变得越来越多，而且专船专用。比如运送货物可以用集装箱船，运送轿车可以用滚装船，运送天然气可以用专门的液化气船……

船变大了

说到船舶的发展，最直观的就是船的"个头儿"变大了。半个世纪以前，上万吨的船在人们眼里就是"巨轮"了。现在，建设者已经开始着手设计上百万吨的"巨无霸"轮船了。

大型远洋集装箱船的速度可以达到每小时30海里以上。

▼ 数十万吨级巨轮

原油船是专门运载原油的船舶。

原油船

船变"聪明"了

基于高新技术的发展，船舶驾驶渐渐实现了从半自动化到自动化的转变。20世纪初，自动操舵装置得以应用。20世纪60年代，以电子计算机为核心，集合多种设备的综合导航系统全面安装在船舶上。船舶驾驶自动化技术在减少人为失误对航海安全影响的同时，也分担了船员的压力。

船变快了

一直以来，人们都致力于提升船的航行速度，使船可以与陆地运输竞争。

自动化装置代替了人工操纵。

自动化船舶

集装箱

集装箱船上有塔吊等吊装工具。

雷达

船头

海底生物

减少磕碰

现代船舶大都安装有航海雷达。当船舶在航行过程中遇到暗礁或礁石时，雷达会及时发出警报，提醒船员注意避让。倘若遇到海雾或夜晚能见度低的情况，航海雷达也能提前监测预警。

黑匣子需要具有极强的耐压、抗火、耐水浸、抗坠毁、抗磁干扰等能力。

▶ 黑匣子

为了在船舶或飞机失事后方便寻找，黑匣子的表面一般是醒目的橘红色。

"黑匣子"保证据

汽车上有行车记录仪，船舶与飞机上也有航行记录仪，它们被统称为"黑匣子"。"黑匣子"可以自动记录并保存设备的工作情况、船舶的行驶状态以及驾驶室内人员的语音等信息。当船舶或飞机发生事故时，"黑匣子"里记录的珍贵信息可以为事故调查提供客观证据。

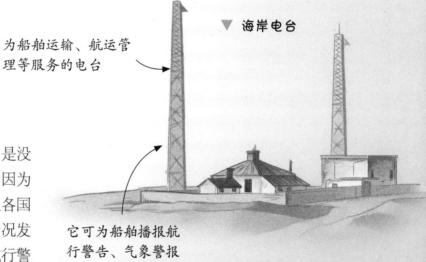

为船舶运输、航运管理等服务的电台

▼ 海岸电台

无线电警告！

以前在海上遇到危险情况时，是没法向外界求救的。现在就不同了，因为船上装备了无线电通信设备，并且各国都设有海岸电台。当某片海域有情况发生时，海岸电台会用无线电发出航行警告，通知附近的船舶注意情况。

它可为船舶播报航行警告、气象警报等海上安全信息。

▼ 船舶交通管理站

海上交通

在海上也要遵守交通规则。各个国家都有不同规模的船舶交通管理系统，用于保证一定水域内航道畅通和船舶的安全航行。

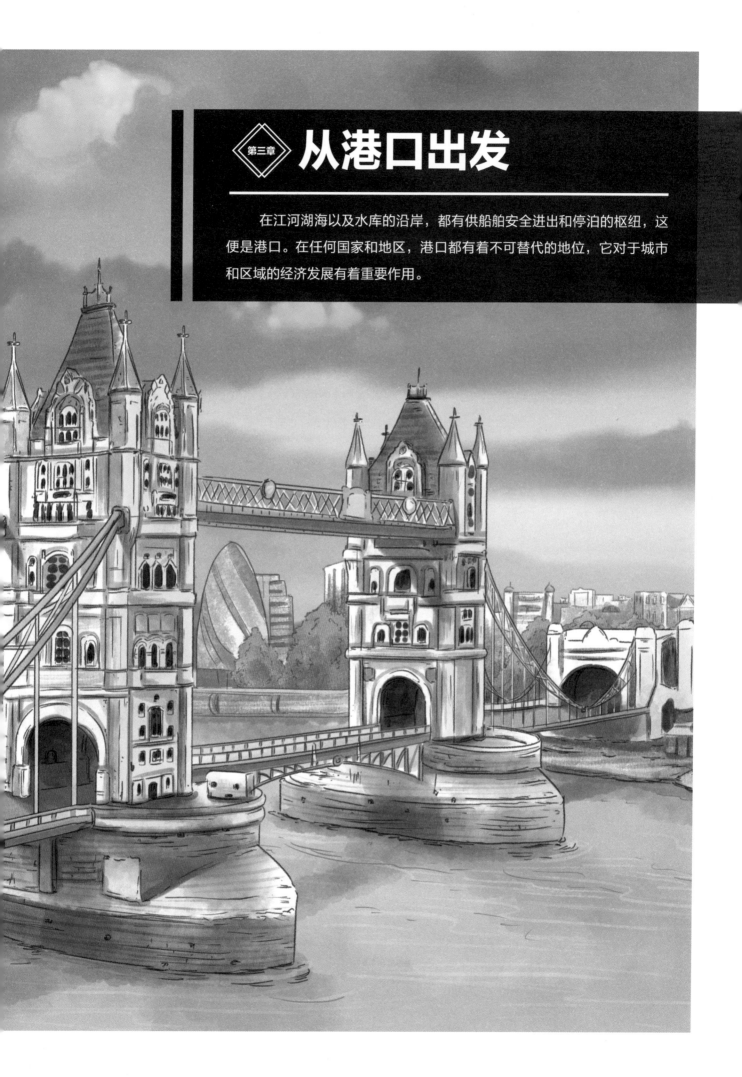

第三章 从港口出发

在江河湖海以及水库的沿岸，都有供船舶安全进出和停泊的枢纽，这便是港口。在任何国家和地区，港口都有着不可替代的地位，它对于城市和区域的经济发展有着重要作用。

港口种类

在世界各地，各式港口星罗棋布。因为用途、地理位置等方面的差异，港口的类型多种多样。

▲ 军舰停泊在港口

商港和工业港

港口按照用途可分为商港、工业港、军港、渔港等。商港为往来的商船提供停靠地点，并办理客运和货运等业务。商港区域内设施齐全，方便船舶维修和货物装卸，同时还为旅客提供便利，比如美国的纽约港就是世界闻名的商港。工业港可以为工矿企业提供原料、燃料以及产品的运输服务，江河湖海边上大型工矿企业的发展，离不开工业港的支持。

一般分类

港口一般可以分为基本港和非基本港。基本港是一些特定的船要定期停靠的港口，大多数位于中心海域的较大口岸，我国的上海港、青岛港等都是基本港口。除了基本港口以外，其他的港口都是非基本港口。

专港专用

在众多港口中，有一些港口是专门供特殊的船只使用的，比如军港和渔港。军港专供军用舰船使用，可以为军用舰船提供物资和技术保障，中国的旅顺港就是著名的军港。渔港是专门供渔船及其辅助船使用，可以装卸渔获物和补充物资，还可以进行渔船维修以及渔获的加工储运，还设置了为船员提供休息、娱乐和医疗等服务设施。

驶向港口的船只

▼ 名古屋港

名古屋港是日本第三
大国际贸易港。

港口的其他分类方式

　　港口按所在位置分类，可分为海岸港、河口港和内河港，其中海岸港和河口港统
称为"海港"。海水潮起潮落，对港口产生的影响或大或小，据此可以将港口分为开
敞港、闭合港以及混合港。港口还可以根据是否允许外国船舶进出港来分类，国际港
可以停泊来自世界各地的船舶，例如英国的伦敦港就属于国际港。

吊装工具

天津港是环渤海地区
的综合性港口。

停放在港口
的集装箱

▼ 天津港

停靠在天津港的
集装箱船

中山码头是一座轮渡码头。

中山码头曾被称为"下关码头"，1929年更名为"中山码头"。

码头

每个地方的码头都有当地的特色，是当地文化的缩影。无论白天还是黑夜，码头都热闹非凡，川流不息。

海上停"车"场

码头又称"渡头"，是指海边、江河边供船舶停靠、货物装卸和旅客上下的水工建筑物，通常设置在水陆交通发达的商业城市。码头可以装卸货物，还能为乘客上下船提供便利，还可以作为当地的地标吸引游客。大多数码头都由人工建造，也有一部分是天然形成的。码头就像海上的停车场，是港口的主要组成部分。

用途多元

按照用途的不同，码头可以分为客运码头、货运码头、渔码头、军用码头、轮渡码头和修船码头等。客运码头主要用来让乘客上下船。货运码头主要用作装卸货物，又分通用码头和专业化码头。集装箱码头和石油码头都是专业化码头，分别用来装卸集装箱和原油、成品油。游艇码头是专供游艇靠岸的码头。海军码头也叫军用码头，供军舰在此停泊、补给。

▼ **集装箱码头**

集装箱码头是专供集装箱船停靠和装卸作业的码头。

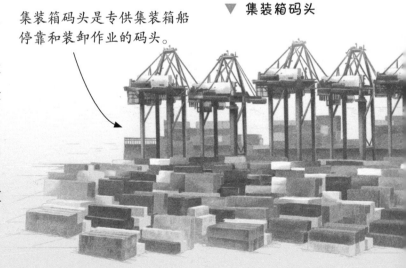

▲ 中山码头

世界著名码头

在世界的各个海域，各式各样的码头星罗棋布，有条不紊地做着自己的工作。在这众多码头当中，有些规模大的码头位于经济中心，又或者处于海上要塞，便成为航运枢纽。

上海的水上门户——十六铺码头

上海的十六铺码头曾是东亚地区最大的码头。除了发达的运输功能，十六铺码头在150年左右的历史中积淀了深厚的文化底蕴。现在的十六铺码头作为旅游码头，向世界展示着独特的码头文化。

东方明珠塔

▼ 十六铺码头

游艇

洋山港、维多利亚港

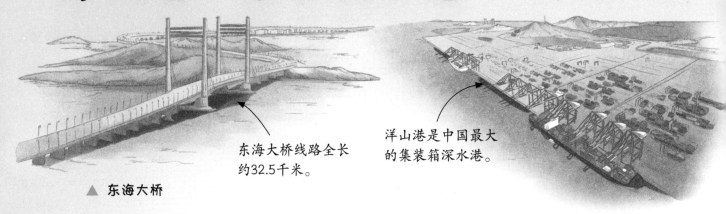

▼ 洋山港

东海大桥线路全长约32.5千米。

洋山港是中国最大的集装箱深水港。

▲ 东海大桥

洋山港

洋山港位于浙江省嵊泗崎岖列岛，它处于经济腹地，箱源充足。东海大桥像纽带一样把洋山港与上海综合交通运输网连接起来，使洋山港尽享各种优势。洋山港的附近海域潮流强劲，不易淤积泥沙，使洋山港拥有稳定的海床和良好的泊稳条件，可以保证船舶航行及靠离泊安全。

完备的配套工程

伴随着洋山港的有东海大桥、沪芦高速公路等配套工程。东海大桥为洋山深水港区的集装箱陆路集疏运提供服务，满足港区水电和通信等需求；沪芦高速公路是一条城市快速干道，是连接上海市区与芦潮港新城以及洋山港交通干线的重要组成部分。

维多利亚港海岸线很长，两岸有许多景点。

维多利亚港是天然的深水海港。

维多利亚港的游艇

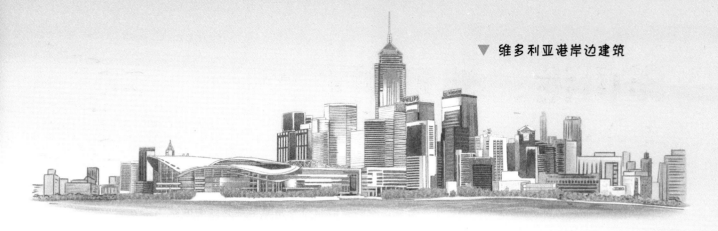

▼ 维多利亚港岸边建筑

维多利亚，闪耀香港

维多利亚港位于我国香港特别行政区的香港岛和九龙半岛之间，港阔水深，到了夜晚华灯璀璨，有"世界三大夜景"的美誉。2005年，《中国国家地理》在其主办的"中国最美的地方"评选活动中将维多利亚港海岸评为"中国最美八大海岸"之一。此外，维多利亚港两岸常年举办文娱和体育盛事，如"维港巨星汇"、烟花会演、龙舟邀请赛等。

名字来源

维多利亚港是我国的著名海港，却有一个外国名字，这要从清朝时期说起。19世纪中期，中英两国之间爆发了两次鸦片战争，香港被割让给英国。英国人为了纪念当时的英国女皇维多利亚，将香港岛与九龙半岛之间的海港命名为"维多利亚港"。维多利亚港对香港的历史和文化有着深远的影响，对香港的经济和旅游业发展起着重要作用。

▼ 维多利亚港

香港会展中心

釜山港、神户港

▼ 釜山港

门户港口——韩国釜山港

釜山港位于朝鲜半岛东南端，是朝鲜半岛的东南门户。釜山港地理位置得天独厚，条件优越，拥有长达 30.7 千米的港口岸线。釜山港与世界 150 多个国家和地区的 500 多个港口相通航，形成了巨大的海运网络。2020 年，它的集装箱吞吐量约占韩国境内所有港口集装箱吞吐量的 74.9%，是韩国最大的集装箱港。

条件优越，商贸中心

20 世纪初，随着京釜铁路的开通，釜山这座城市迅速发展。釜山港逐渐成为韩国的海陆空交通枢纽，金融和商业中心，在韩国的对外贸易中发挥着重要的作用。此外釜山港设备先进，工作效率高，许多港湾企业在此成立。

釜山港大桥是公路跨海大桥。

钻石形桥塔

神户塔

▼ 神户港

神户港是大型
的国际港。

亚洲大港——日本神户港

神户港位于日本大阪湾西北岸，曾是日本最大的集装箱港口。神户港口西、北两侧有山脉围绕，将春秋盛行的西北强风阻挡在外；西南和东南筑有防波堤，防止了风浪的袭击。神户港历史悠久，是日本的重要交通枢纽，日本的许多铁路和公路都从这里与其他城市连接。神户港是通往东亚地区的门户，联结世界上 130 多个国家和地区，无论是航线数量还是航运频度，均处于亚洲前列。

工业腹地，旅游佳选

神户港处于日本著名的阪神工业区，著名的大型企业川崎重工、三菱电子等都在此分布。这些企业以港口为依托，发展迅速，进而使神户港的货运量大幅增加，形成良性循环。除此之外，神户港距离市中心和六甲群山很近，常有观光客大量聚集。

▼ **釜山港**

新加坡港、孟买港

▶ 新加坡港

繁忙的集装箱港口

齐全的装卸设备

繁忙的新加坡港

在马六甲海峡的东南侧，是东南亚最大的国家集装箱转运转口中心。新加坡港地处太平洋与印度洋之间的航运要道，具有十分重要的战略地位。其自然条件优越，水域宽敞，水深适宜，而且很少受风暴影响。凭借优越的条件，新加坡港共开辟 250 多条航线，有"世界利用率最高的港口"之称。

产业多元，经济发展

新加坡的土地资源比较紧凑，新加坡港进出口业务对于整个国家来说举足轻重。在 2022 年全球十大集装箱港口排名中，新加坡港榜上有名。除了海运，新加坡在空运、船舶修造等方面的产业优势明显，在附加衍生行业的实力也不容小觑。

孟买港主要出口棉花等物品。

泰姬玛哈酒店

美丽的"棉花港"——孟买港

在印度西海岸外的孟买岛上，坐落着印度最大的港口——孟买港。孟买港在 1534 年被葡萄牙侵占，因为景色优美，被葡萄牙人称为"美丽的海湾"。孟买原为 7 座小岛，后来经过不断淤积和填充等，形成突入海中的半岛。这里是印度海陆空的交通枢纽，有多条航线通往世界各大城市。孟买港是世界上最大的棉花出口港，有"棉花港"之称，并且逐渐成为印度最大的纺织工业基地。

印度之门，流光溢彩

孟买港是印度著名的电影制片中心，被人们誉为印度的门户。孟买有着"印度城市中的皇后"的美名，而孟买港上的海滨大道，则被誉为"皇后的项链"。海滨大道的一边高楼大厦耸立，夜晚霓虹灯五彩缤纷，使古老的港口城市散发出现代化的气息。还有许多教堂和寺庙，将这里装点得具有浓郁的印度宗教色彩。

印度门是印度的门面和标志性建筑。

▼ 孟买港附近的传统建筑

印度和波斯文化的建筑特色

汉堡港、伦敦港

▼ 汉堡港

德国汉堡港

汉堡港位于黑尔戈兰湾内，是世界上最大的自由港。汉堡港是德国最大的港口，同时也是欧洲第二大集装箱港。它处于温带海洋性气候区，全年温和湿润，冬季多雨。由于位于欧洲共同体，这促使它成了欧洲最重要的中转海港。此外，它还是德国重要的铁路枢纽和航空站。

小百科

欧洲共同体简称欧共体，最初的成员国有法国、德国、意大利、荷兰、比利时和卢森堡六国。后来，不断有其他欧洲国家加入进来，欧洲成员国的数量不断增多。2009年生效的《里斯本条约》废止了欧洲共同体，欧盟承接了它的地位和职权。

横跨易北河，通向五大洲

汉堡港拥有世界上最大的仓储城，面积达 50 万平方米。港内设备先进，机械化和自动化程度高。汉堡港的航线有 300 多条，与世界各主要港口联系，通往世界的五大洲。与汉堡港保持联系的世界港口有 1100 多个，它因此被称为"德国通向世界的门户"和"欧洲最快的转运港"。

伦敦港沿河两岸有许多船坞、河岸码头、修船坞等。

泰晤士河

钢缆

世界大港，全国中心

伦敦港始建于公元前43年，18世纪时已发展成为世界大港之一，19世纪成为英国的贸易和金融中心，而且是世界的航运中心。伦敦港有着现代化的装卸设备，其自动化管理系统处于世界前列。

重要枢纽

伦敦港地处泰晤士河的下游，是英国主要港口之一。作为大西洋航道的重要枢纽，伦敦港如同桥梁一样，将西欧与北美洲紧密连接在一起。它拥有大量的封闭式港池群，两岸泊位可同时停泊上百艘航船。

▼ 伦敦港

伦敦塔桥

下层桥身能
向上抬起。

马赛港、摩尔曼斯克港

法国南大门——马赛港

马赛港位于法国东南部，原属于法国普罗旺斯。马赛港水深港阔，无急流险滩，海潮涨落变化不大，是一个天然良港。马赛港西部与北欧相连，可通过苏伊士运河到达亚太地区，也可通过直布罗陀海峡去往拉美地区，堪称法国的南大门。

▲ 各种游艇、小船停泊在马赛港

摩尔曼斯克港是俄罗斯乃至世界最大的军港之一。

景色优美，底蕴深厚

马赛港的主要工业有炼油、纺织、食品、造船及机械等，它是法国以及地中海周边最大的商业港口。乘船游览马赛港，可以感受到内港的安宁和外港的畅快。此外，旧港周围还保留了许多著名的古迹，这一切让马赛成为法国著名的旅游胜地。

▼ 马赛古迹

北国之港——摩尔曼斯克港

摩尔曼斯克港是俄罗斯著名的终年不冻港。受北大西洋暖流影响，摩尔曼斯克港虽地处北极圈内，但冬季湾内海水不结冰，是俄罗斯少有的不冻港。

▲ 摩尔曼斯克港

作为俄罗斯最大的港口之一，摩尔曼斯克港内停泊着大量军舰。

北极点之旅

虽然摩尔曼斯克港基本不对外开放，但是每年 7 月，在那里有一个特别的旅游活动——"北极点之旅"。游客可以乘坐俄罗斯破冰船"瓦伊卡奇号"到北极点去旅游。

纽约港、温哥华港

重量级港口——纽约港

纽约港濒临大西洋西北侧，是天然深水港，包括纽约、新泽西和纽瓦克三部分。纽约港腹地广大，交通网络四通八达，且在各岛之间建有桥梁和河底隧道相互连接。由于自然条件优越，19 世纪时纽约港便成为美国最大的港口。这里每年平均有4000 多艘船舶来往，多年来其货物吞吐量都在 1 亿吨以上，是北美洲最繁忙的港口之一。

交通枢纽，助力发展

纽约港是美国最重要的产品集散地，也是全球重要的航运交通枢纽及欧美交通的中心，这得益于多个有利条件的共同作用。纽约港所在的位置是美国人口最密集、工商业最发达的区域，且邻近繁忙的大西洋航线，再加上港口条件优越，可以通过伊利运河与五大湖区连接，由此为纽约带来了大量财富和物产。而且，来自世界各地的移民也通过纽约港来到纽约。

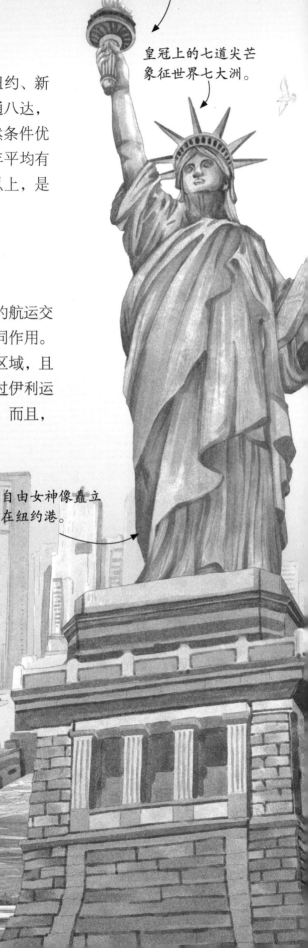

自由女神像是法国政府赠送给美国独立100周年的礼物。

皇冠上的七道尖芒象征世界七大洲。

自由女神像矗立在纽约港。

纽约是国际化大都市。

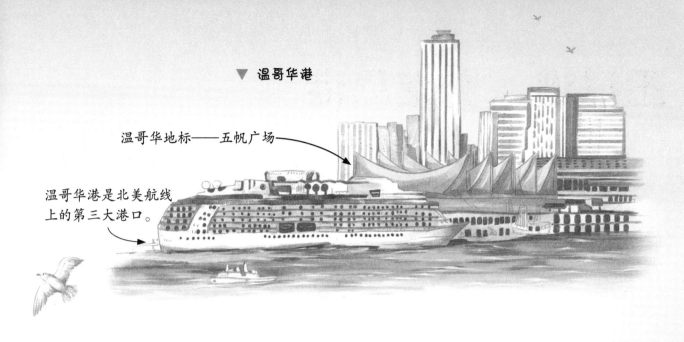

▼ 温哥华港

温哥华地标——五帆广场

温哥华港是北美航线上的第三大港口。

天然良港——温哥华港

在加拿大的弗雷泽河口，坐落着加拿大最大的深水海港——温哥华港，这里位置优越，交通便利。因为温哥华三面环山，一面傍海，受到太平洋季风和暖流的影响，加上东北部的落基山作为屏障，所以温哥华港全年的气候都比较温和湿润，即便到了冬季也不会结冰，是天然的良港。

四通八达，国家中心

温哥华港是世界主要的小麦出口港之一，这里陆路交通便利，可通过集装箱列车将货物及时运往加拿大和美国的大部分地区。温哥华港就像一座桥梁，将加拿大与亚太地区连接起来，是加拿大最繁忙的枢纽港。

繁忙的纽约港不仅是美国重要的商港，也是世界航运交通枢纽。

悉尼港、奥克兰港

悉尼歌剧院

渡轮

▲ 繁华的国际大都市——悉尼

繁华港口——悉尼港

悉尼港也被称为杰克逊港，是世界上最大的自然海港。各种船舶在此来往，是繁华的游客集散地。悉尼港港湾总面积约为 55 平方千米，口小湾大，是一个曲折而优美的天然良港。

景色优美，游览胜地

悉尼港除了有美丽的海滩，还有长达200 多千米的曲折海岸线，深受人们的喜爱。它也因此被认为是世界上最美的自然海港之一。

奥克兰的标志性建筑——天空塔

新西兰奥克兰港

奥克兰港是新西兰最大的港口。新西兰由北岛、南岛两大主岛以及许多小岛组成，奥克兰港位于气候温暖湿润的北岛，适合开展帆船、游艇等竞技活动。每年1月底，这里都会举办帆船竞赛，千帆竞发，十分壮观。

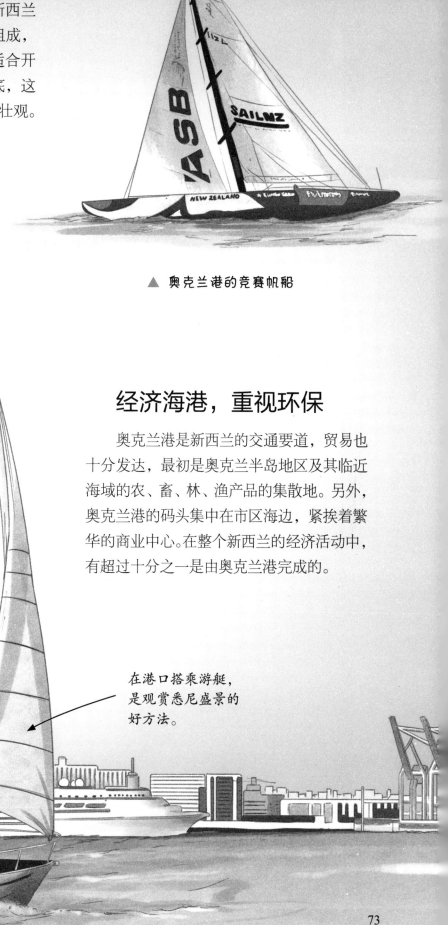

▲ 奥克兰港的竞赛帆船

利用风力张帆行驶，低碳环保。

经济海港，重视环保

奥克兰港是新西兰的交通要道，贸易也十分发达，最初是奥克兰半岛地区及其临近海域的农、畜、林、渔产品的集散地。另外，奥克兰港的码头集中在市区海边，紧挨着繁华的商业中心。在整个新西兰的经济活动中，有超过十分之一是由奥克兰港完成的。

在港口搭乘游艇，是观赏悉尼盛景的好方法。